Te $\frac{97}{110}$

OBSERVATIONS

SUR QUELQUES POINTS

RELATIFS A LA LITHOTOMIE,

Suivies de la Description d'un nouveau
LITHOTOME - GORGERET, *propre à faciliter*
l'Opération et à la rendre plus sûre.

AVEC UNE GRAVURE EN TAILLE DOUCE.

Par Charles - François GIRAUD - SAINT - ROME ,
Docteur de Montpellier, ex-Professeur de Chirurgie des Hô-
pitaux militaires d'instruction , Membre de la Société de
Médecine de Marseille , Correspondant de celles de Paris , de
Lyon , de Grenoble , d'Avignon , et de celle d'Émulation pour
les Sciences , Belles-Lettres et Arts de Toulon.

La bonne leçon est celle qui émane de l'Œuvre. *Hip.*

A MARSEILLE,

De l'Imprimerie de la Société Typographique.

AN XII. (1803)

Ces Observations se trouvent à Marseille chez l'Auteur et chez l'Imprimeur.

On peut également se procurer l'Instrument chez l'Auteur, et chez le C. Moucherel aîné, coutelier à Vienne, Département de l'Isère.

À LA MÉMOIRE

DE L'IMMORTEL DESSAULT,

Qui m'apprit à appliquer constamment les connais-
sances anatomiques à la Pathologie et aux Opéra-
tions; et qui me traça la marche de l'enseignement
clinique que j'ai suivie ;

ET AU CITOYEN HEURTELOUP ,

INSPECTEUR GÉNÉRAL du Service de Santé
des Armées de Terre , auquel j'ai dû tous les
encouragemens possibles, dans les emplois , qui
pouvaient m'offrir le plus d'occasion de mettre en
pratique les préceptes de mon illustre maître ;

COMME UN JUSTE TRIBUT DE RECONNAISSANCE.

GIRAUD - SAINT - ROME.

ERRATA

Des principales Fautes Typographiques.

Page 10, *lig.* 10, *au lieu de* spasme concentrique, *lisez* spasme violent.

A la même page, *lig.* 27, la terreur ne fût, *retranchez la négation.*

Page 15, *lig.* 23, cicatrice du raphé ; *lisez*, cicatrice de la plaie.

Page 19, 1re. *lig. de la note,* fermé ; *lisez*, formé.

Page 20, *lig.* 17, on pouroit ; *lisez*, on pouvoit.

Page 24, *lig.* 3, de l'étendue faite ; *lisez*, de l'étendue de l'incision faite.

Même page : le premier paragraphe du résultat, ayant eu des mots transposés dans l'impression, offre un sens défiguré ; voici comme il étoit dans le manuscrit : » Par ce procédé le tranchant parcourt
» la ligne tracée par le tableau anatomique et indiquée par les
» meilleurs chirurgiens de nos jours, en s'éloignant également
» des parties qu'il est important de respecter.

» Ainsi que tous les autres instrumens qui ont un bec mousse, celui
» que je viens de décrire rassure contre le danger de quitter
» la cannelure du cathéter, sans avoir comme la plupart d'eux,
» l'inconvénient de dilater trop les parties, avant que l'action
» du tranchant aggrandisse le passage. »

Même page, 3e. *lig. de la seconde note*, éiant, *lisez*, étant employé.

Page 25, 1re. *lig.*, et que la multiplication ; *lisez*, et sans me dissimuler que la multiplicité.

Page 27, *lign.* 19, imamagina ; *lisez*, imagina.

Page 28 *dernière ligne*, dont il étoit ; *lisez*, dont il est.

Page 31 *ligne* 3, qui a le plus fait de ; *lisez*, qui a fait le plus de.

OBSERVATIONS

SUR QUELQUES POINTS

RELATIFS A LA LITHOTOMIE.

LA multiplicité d'Instrumens, de procédés imaginés dans le dernier siècle pour l'extraction des calculs vésicaux, et surtout les succès qu'obtiennent les grands opérateurs par plusieurs de ces procédés, devroient, ce semble, arrêter le génie sur ce point de l'art; ou plutôt, offrir au Chirurgien même le plus difficile de quoi contenter ses désirs, et le détourner conséquemment de tout nouveau tâtonnement à ce sujet. On pourroit peut-être même dire avec M. Guérin de Bordeaux, que le grand nombre d'écrits et d'instrumens à ce relatifs, ayant en quelque sorte amené la satiété sur ce point, il y a quelque témérité à en proposer de nouveaux; en considérant surtout qu'un Chirurgien, instruit et exercé à cette opération, peut la faire très-parfaitement avec un simple scalpel, avec un bistouri ordinaire : mais si l'on fait attention quelle n'est pas le partage exclusif des praticiens, qui par leurs talens et leur position se la rendent familière; si l'on

B

considère en outre que ceux même qui ont été et qui sont encore dans ce cas, ont cherché et cherchent journellement à employer de préférence les instrumens qui en garantissent, autant que possible, la sûreté, et qui la rendent d'une éxécution plus facile; (1) ne pourra-t-on pas se permettre d'aborder cette question, toutes les fois qu'on croira avoir trouvé quelque chose qui peut tendre à diminuer la fréquence des accidens, dont cette opération s'accompagne quelquefois; et la publication des réflexions que l'observation a fait naître, n'est-elle pas d'obligation rigoureuse pour tout praticien? *Occidit qui non servat.*

Il eut été facile d'amonceler les pages et sans beaucoup de frais d'érudition, de citer tous les auteurs qui ont écrit sur ce sujet; mais à quoi bon réimprimer ce que l'on trouve partout, si l'on n'a aucune observation à y faire? D'après ces données, j'ai cru devoir borner cet écrit au petit nombre de remarques et de réflexions que m'ont suggérées, soit ma propre pratique, ou d'autres faits qui se sont passés sous mes yeux. Ces réflexions ne portant que sur quelques points isolés de la Lithotomie, ne peuvent pas offrir le cadre d'un mémoire suivi; mais comme il n'entre pas dans mon plan de traiter cet objet *ex professo*, ni de lier ce que j'ai à dire par des remplissages uniquement destinés à en arrondir les formes; j'exposerai successivement les différentes remarques que j'ai faites, dans l'ordre qu'occupent dans cette opération les points de la taille auxquels ils sont relatifs. Ainsi, je commencerai par dire quelque chose sur le cathétérisme, sur les évacuans employés comme moyens préparatoires; je passerai ensuite à quelques-uns des accidens qui accompagnent par fois l'opération, et je terminerai ce petit travail par la description d'un nouveau Lithotome-Gorgeret, et par l'exposé du manuel opératoire à suivre dans l'emploi de cet instrument. (*)

_____

(*). Voulant être aussi concis que possible dans le texte, j'ai été obligé d'ajouter un assez grand nombre de notes; j'aurois même désiré pouvoir faire entrer encore

Je pense que le Cathétérisme est de toute les opérations de Chirurgie, celle qui exige le plus de pratique , et qu'on ne sauroit trop rechercher les occasions de s'y exercer. (2)

Il est des malades si difficiles à sonder , qu'on ne peut pas se flatter d'arriver dans la vessie , toutes les fois qu'on veut le tenter. (3)

Il en est aussi chez lesquels cette opération est si douloureuse qu'ils s'évanouissent ou prennent des convulsions chaque fois qu'on est obligé de tâtonner , ou de forcer un peu pour vaincre les obstacles qui s'opposent à la progression de la sonde dans le canal. (4)

Des Chirurgiens ont été quelquefois obligés de faire remettre dans leurs lits , des malades qu'ils se disposoient à tailler , après avoir essayé pendant longtems infructueusement l'introduction du Cathéter dans la vessie.

Chacun sent combien cela peut nuire au malade , qui ayant déjà , pour ainsi dire, fait les frais de résignation, se voit contraint de languir encore plus ou moins longtems sous le poids de la crainte et des douleurs. (5)

Ne conviendroit-il pas, quand on trouve des cas semblables , de mettre au nombre des moyens préparatoires , l'usage de la sonde de gomme élastique, si ce n'est à demeure permanente , tant que dure la préparation , au moins de tems en tems et pendant quelques heures de suite avant l'opération ? On sait avec

---

dans celles-ci la description de l'Instrument ; cet objet fastidieux par sa nature me paroissoit devoir en faire partie ; mais il a fallu me conformer à l'usage qui veut que l'explication qui est indispensable pour faire connoître un objet , fasse partie essentielle du texte de l'ouvrage qui en traite.

Les simples citations , et les notes courtes seront placées au bas de chaque page , et l'on y renverra au moyen de ce signe (*) : celles qui seront étendues se trouveront toutes à la fin, sous des numéros correspondans à ceux qui seront placés dans le cours de la dissertation.

quelle facilité on pénètre dans la vessie au moment où l'on en retire une sonde ou une bougie.

Ma pratique m'a appris que si l'algalie d'argent arrivoit communément plus facilement dans la vessie, que celle de gomme élastique, soit parce que le poli métallique est plus parfait, soit surtout parce qu'elle a plus de force que le mandrin qui remplit celle de gomme; ma pratique m'a appris, dis-je, que dans certains cas on parvenoit au contraire plus facilement dans la vessie avec la sonde de gomme élastique qu'avec l'algalie d'argent. C'est quand des engorgemens irréguliers de la prostate font décrire diverses courbures successives au canal, par la déviation qu'elles lui impriment. Alors on arrive jusqu'aux premiers obstacles avec la sonde de gomme, armée de son stilet; on fait ensuite glisser celle-ci sur le même stilet qui sert à donner assez de force à l'extrêmité de la sonde qui l'abandonne, sans lui faire perdre la souplesse qui lui est nécessaire pour s'accommoder aux diverses courbures qu'offre dans ce cas le canal.

Il faut quelquefois retirer un peu le stilet avant de commencer à faire glisser la sonde sur lui : d'autres fois on est même obligé de le faire retirer peu à peu, en même tems qu'on enfonce la sonde, jusqu'à ce qu'elle soit dans la vessie. (*)

Je serois en peine de nombrer les cas dans lesquels je suis parvenu dans la vessie, à la faveur de cette manœuvre, après avoir inutilement tenté le Cathétérisme ordinaire.

* * *

ÉVACUANS
DONNÉS AVANT L'OPÉRATION.

Quoique tout le monde puisse juger de quelle importance il est que l'intestin rectum ne contienne point de matières, lorsqu'on

---

(*) Il est bien entendu qu'on a eu la précaution d'oindre le stilet avec un corps gras ou oléagineux avant l'opération.

fait

fait la taille, je ne vois pas que les auteurs aient assez appuyé sur la recommandation des évacuans préliminaires. Les uns se contentent de dire qu'il faut faire prendre un lavement la veille de l'Opération ; les autres n'en font aucune mention.

J'ai vu ouvrir le rectum avec le Lithotome du frère Côme : Deux élèves m'ont dit avoir vu cet accident arriver deux fois à un Chirurgien qui occupe une place éminente ; et dans tous ces cas, la présence des matières fécales dans la plaie, annonça l'évènement aux assistans avant la fin de l'Opération.

N'est-il pas probable que cet accident eût été prévenu par la vacuité de l'intestin ?

On sait qu'on est quelquefois obligé de nourrir plutôt que de mettre à la diète certains malades épuisés, et surtout les enfans qui sont sujets aux vers : conséquemment, il ne suffit pas alors de vuider le rectum, principalement chez les enfans qui, par les cris violens qu'ils font ordinairement, forcent les matières à parcourir rapidement tout le trajet des gros intestins ; il faut par un doux minoratif, donné la veille, débarrasser plus complètement le tube intestinal. Un lavement doit, en outre, être donné au malade deux ou trois heures avant l'opération ; et avant de la commencer, il est essentiel de s'assurer qu'il l'a rendu.

———————————————

On sait que les affections morales tiennent le premier rang AFFECTIONS MORALES parmi les causes qui font périr les malades à la suite des Opérations majeures ; et l'effroi concentré est de toutes la plus funeste.

Dessault, bien instruit de cette vérité, recommandait toujours à ceux qu'il voyait disposés à dissimuler leur inquiétude, et à comprimer leurs plaintes, de laisser un libre cours à l'expression de leurs douleurs pendant l'Opération.

Ce praticien célèbre nous prédit en quelque sorte la mort

d'un élève en Chirurgie qu'il venait de tailler le plus heureuse-
ment du monde ; quant au manuel. Il fonda son prognostic sur
ce que ce jeune homme , après avoir témoigné la plus grande
appréhension de l'Opération , et montré beaucoup de pusillani-
mité , affecta un courage stoïque pendant sa durée , malgré la
recommandation contraire de l'opérateur et de ses camarades qui
s'apperçurent de sa contrainte. Ce malheureux ne tarda pas à
quitter le masque dont il avait cherché à se couvrir ; mais le
coup était donné : il périt quarante-huit heures après l'Opération ,
sans doute par l'effet d'un spasme concentrique , qui suffoqua en
quelque sorte le principe vital.

L'Autopsie cadavérique ne put offrir aucune trace physique du
désordre. Elle prouva au contraire la perfection du manuel
opératoire. (6)

La crainte qui ne survient qu'après les opérations , est en général
moins foudroyante ; elle est cependant toujours très-fâcheuse , et
même quelquefois funeste , surtout quand elle se manifeste avant
ou pendant le travail suppuratoire.

Huit malades avaient été taillés en trois jours dans le printems
de 1791 , à l'Hôtel-Dieu de Paris , lorsque de fortes chaleurs
survinrent brusquement : le premier des opérés prend une fièvre
bilieuse , et en meurt en peu de jours ; les sept autres , qui se
trouvoient malheureusement dans la même salle que leur cama-
rade d'infortune , se persuadent qu'il est mort uniquement des
suites de l'opération , et en sont plus ou moins frappés suivant le
degré de sensibilité et de courage de chacun : trois périssent , sans
qu'on pût se dissimuler que la terreur ne fût la cause de leur
perte.

Les quatre autres furent mis dehors avant la fin de leur guérison , qui avait évidemment été retardée par l'effet de la
crainte. (7)

Ne convient-il pas d'abolir la pratique mal-entendue de cumu-
ler ainsi les calculeux dans un même hôpital , et de les placer

dans la même salle ? S'il est avantageux que cette opération soit faite dans un tems opportun, ce tems est-il si court chaque année pour commander cette accumulation ? (8)

Ne pourroit-on pas au moins disperser les calculeux qui sont destinés aux hôpitaux, de manière que s'il survenoit quelque chose de fâcheux à l'un ou à plusieurs d'entr'eux pendant le cours du traitement, les autres ne fussent pas à portée de l'apprendre ?

S'il est de règle de diminuer autant que possible les appréhensions des malades, tant par un raisonnement persuasif, qu'en retranchant de l'appareil tout ce qui peut le rendre effrayant, sans nécessité absolue; il faut convenir que la sûreté d'exécution de celle-ci commande des précautions qui sont capables d'ébranler le courage le plus intrépide, mais dont on ne peut pas s'écarter impunément.

J'ai voulu une seule fois en diminuer la rigueur et céder aux prières que me fit un malade de ne pas le lier, m'en rapportant à la seule force et à l'intelligence des aides, pour le fixer : quoique cet homme, déjà âgé et fort affoibli, m'eût promis de ne pas faire de mouvemens, il n'en fut pas le maître; commandé par la douleur, il fuyoit l'action du Lithotome-Gorgeret, et il n'est pas douteux qu'il ne m'eût fallu suspendre l'opération, pour réparer la faute que ma condescendance m'avait fait commettre, si je me fusse servi d'un instrument piquant, dans le second tems de l'incision. (9)

Quand rien ne peut diminuer la frayeur de celui qui est dans le cas d'être opéré, l'usage des boissons énivrantes données quelques momens avant l'Opération, serait-il plus funeste que la terreur que l'ivresse aurait chassée ? c'est une proposition que je fais et non un précepte que j'entends donner.

On sait que le vomissement survient presque toujours spontanément aux blessés qui ont bu ou mangé peu de tems avant leurs blessures et qu'il débarrasse complètement l'estomac de ce qu'il contient : la même chose arriveroit ici ; d'ailleurs on pourroit provoquer le vomissement après, si on le jugeoit nécessaire.

J'ai vu quantité de blessures très-considérables reçues pendant l'ivresse, sans que les malades s'en soient rappelés les circonstances, aient témoigné ni crainte, ni douleur, et sans que leur guérison ait été contrariée par cette disposition.

L'opium que la plupart des anciens donnoient pour émousser la sensibilité des malades, que quelques Anglais donnent encore avant les grandes opérations, ne produiroit peut-être pas chez nous l'effet dont j'entends parler, ainsi qu'il pourroit le faire chez certains peuples orientaux, qui le prennent habituellement à de hautes doses, et auxquels il produit l'ivresse et chasse la mélancolie.

HÉMORRAGIE.

L'hémorragie est rare aujourd'hui à la suite de la taille ; cependant soit qu'il y ait quelquefois de petits écarts de la nature, à l'égard de la position des différentes branches de l'artère honteuse interne, ou qu'on ne suive pas toujours ponctuellement la meilleure route possible dans l'incision, on voit encore cet accident se montrer, malgré le degré de perfection qu'a atteint cette opération.

Il est bien important de faire attention au lieu précis d'où vient le sang, et dans quel tems de l'incision l'artère qui le fournit a été ouverte ; afin de pouvoir appliquer plus exactement et plus précisément les moyens qui peuvent l'arrêter.

On jugera que c'est l'artère inférieure, dite l'artère du périnée, si le sang jaillit en bonds au moment où on latéralise l'incision du tissu cellulaire que recouvrent les tégumens.

On saura que c'est la bulbeuse qui fournit, si l'hémorragie s'est montrée au moment où l'on ouvrait l'urètre, et surtout si l'ouverture de ce canal commence un peu trop en avant.

Enfin

Enfin il sera démontré que c'est la branche supérieure, ou le tronc même de la profonde qui est ouvert, si ce n'est que lorsqu'on incise profondément que le sang artériel donne abondamment. (10)

L'expérience ayant appris que l'Hémorragie était plus difficile à arrêter., lorsque l'artère n'étoit qu'incomplètement divisée, que que quand elle l'étoit entièrement, il suit de cette remarque que si l'on soupçonne que l'opiniâtreté de l'hémorragie dépend de cette cause, il faudra chercher à diviser totalement la branche qui fournit le sang, et d'après cela on sent de quelle utilité il est de se rappeler dans quel tems de l'opération, et dans quel lieu de l'incision, l'hémorragie s'est montrée.

La ligature, qui est en général le plus sûr moyen d'arrêter les pertes de sang artériel, ne peut guère être mise en pratique ici, à cause de la position des vaisseaux qui fournissent dans cette circonstance, d'où il suit qu'un des meilleurs moyens qui reste, est de comprimer pendant quelques tems, et de froisser même avec le bout du doigt, l'endroit qu'occupe l'extrémité du tube qui donne : s'il est entièrement divisé, sa rétraction dans les chairs, et cette compression momentanée pourront suffire pour arrêter l'Hémorragie sans retour.

Je suis très-intimément persuadé qu'un Chirurgien que j'assistois dans une opération de la taille, divisa complètement la branche supérieure de la honteuse interne ; néanmoins comme il fut dans le cas d'introduire fréquemment et alternativement les doigts, et divers instrumens dans la plaie, pendant environ quinze minutes, l'hémorragie cessa par l'effet seul de ces manœuvres.

Si cette compression momentanée ne suffit pas, on peut avoir recours au tamponnage fait de la manière suivante.

On introduit d'abord par la plaie, et jusques dans la vessie, une sonde de gomme élastique d'un gros calibre, garnie d'un peu d'amadou, ou de charpie ; on la place vers l'angle inférieur

D

de l'incision ; on enfonce au dessus le milieu d'un linge bien fin et bien souple , jusqu'auprès de l'incision de la vessie ; on en introduit un semblable dans l'anus à la hauteur de deux pouces ; (*) on bourre de charpie brute ces deux linges , de manière à former un double tampon , qu'on ne laisse que le tems nécessaire pour tarir l'écoulement du sang , sans nuire à la plaie.

INJECTIONS DANS LA VESSIE.

Tous les auteurs ne conseillent pas de faire des injections dans la vessie, immédiatement après l'extraction du calcul , (**) et plusieurs des praticiens que j'ai vu opérer , n'en font pas usage , au moins dans les cas ordinaires : Dessault ne négligeoit jamais ce moyen et d'après cet excellent modèle , je l'ai toujours employé. Ces injections balayent la vessie des petites parcelles qui ont pu se détacher du calcul par l'action des instrumens, ainsi que des graviers , ou espèces de sables , et des mucosités qui occupent quelquefois le bas-fond de la vessie des calculeux : elles consolent ce reservoir irrité soit par la présence du calcul , soit par l'introduction des instrumens , et les manœuvres qu'a nécessitées l'opération ; c'est un bain interne qui est souvent très-nécessaire , et que je crois toujours utile.

Si l'on soupçonnoit que la vessie fût plutôt dans un état d'atonie que d'irritation ; si les commémoratifs avoient fait juger en outre que des vaisseaux variqueux s'y rencontrent, on employeroit des toniques et des astringens légers , au lieu des décoctions émollientes tièdes , qui conviennent dans les cas d'irritation et de spasme qui sont les plus ordinaires. (11)

LA PRÉSENCE DES VERS DANS LES INTESTINS EST UNE COMPLICATION FACHEUSE.

Les praticiens ont remarqué que la présence des vers dans les intestins, formoit une complication fâcheuse dans toutes les opé-

(*) On peut oindre celui-là de cérat pour en faciliter l'introduction.
(**) Pouteau dit ne les avoir jamais employées. (*Taille au niveau*).

rations. Dessault attribuoit à cette cause, la mort des enfans qu'il avait perdus, à la suite de la taille, dans les premiers tems de sa pratique; il pensoit que s'ils ne lui en avaient enlevé aucun dans les dernières années, il le devoit à la précaution qu'il avoit eue, de nourrir ces hôtes parasites.

Nous avons manqué de perdre un militaire, âgé de plus de trente ans, des suites d'une fièvre vermineuse, survenue peu de jours après l'opération de la taille. (*)

Je ne trouve pas que les auteurs se soient assez occupés de l'incontinence d'urine, qui suit quelquefois la Lithotomie.

N'étant pas d'accord sur la cause qui la produit, ils ne sauroient l'être sur les moyens d'en diminuer la fréquence.

Une discussion critique des diverses opinions émises à ce sujet me conduiroit au-delà des bornes que je me suis imposées dans cet écrit. (12) D'ailleurs ma pratique ne m'ayant pas encore fourni un assez grand nombre de faits pour éclaircir quelques doutes à ce relatifs, leur publication seroit prématurée dans ce moment.

Je pense que le retard des progrès de la science sur ce point, est dû à ce que la plus grande partie de ces opérations se fesant dans les hôpitaux, les chirurgiens qui les pratiquent, perdent de vue la plupart de leurs malades, dès qu'ils ont obtenu la cicatrice du raphé; ils ignorent par conséquent, si cette infirmité

INCONTINENCE D'URIN
SUITE DE LA TAILLE

(*) Cette opération avoit été faite par le citoyen Ventre, mon aide, et mon prosecteur à l'hôpital militaire de Toulon, qui s'étoit servi de mon *Lithotome-Gorgeret*. Le malade rendit trente-cinq lombrics, très-gros, en quatre jours, au moyen d'une tisane légèrement émétisée et des amers.

Cette observation qui sera publiée ailleurs, offre d'autres particularités intéressantes; le calcul se trouvant logé derrière une demi-cloison, fut de difficile extraction.

fâcheuse rend incomplète la guérison de ceux qu'ils ont taillés.

Je crois que chaque praticien devroit engager tous les malades qu'il a opérés du calcul, à l'informer de leur situation, pendant les premières années qui suivroient l'opération, et lorsqu'il auroit un certain nombre de résultats, il en feroit part, soit au rédacteur d'un journal de médecine, ou en le publiant de toute autre manière, en annonçant le procédé opératoire suivi, et les principales circonstances qui pourroient offrir quelques données sur la cause de l'incontinence d'urine (13).

* * * *
* * *
* *
*

DESCRIPTION
DU NOUVEAU
LITHOTOME-GORGERET,
ET MANIÈRE DE S'EN SERVIR.

JE ne donnerai dans le texte de cette dissertation, aucun préambule à la description, et à la manière d'employer mon instrument; une notice historique, qui se trouve à la note quinze, indique comment j'ai été conduit, je pourrois dire sans dessein prémédité, à l'établir, et les précautions que j'ai cru devoir prendre pour m'assurer du mérite de l'instrument, avant de m'en servir sur l'homme vivant, et avant de le livrer sans réserve au public.

Actuellement que la pratique lui a imprimé, si j'ose le dire, le sceau de l'approbation, et qu'il m'est démontré, ainsi qu'à ceux qui me l'ont vu employer, ou qui s'en sont servis, qu'on fait la taille avec la plus grande facilité, et beaucoup de sûreté avec cet instrument; je ne dois plus renvoyer de lui donner une publicité qui mette tout Chirurgien dans le cas de pouvoir l'apprécier, et s'en servir, s'il en conçoit une idée avantageuse d'après son examen et ses essais. (*)

(*) Quelque prévenu que l'on soit que les parties cadavériques se coupent moins bien, et prêtent infiniment moins ensuite à l'extension nécessaire dans la taille,

E

L'instrument est composé de deux parties, savoir : d'une lame montée, et du corps du Gorgeret.

Celui-ci est formé de métal, (*) et est garni d'un manche en ébène qui forme avec le corps de l'instrument, un angle très-obtus, et saillant du côté de la gouttière (**)

Le corps du Gorgeret doit avoir quatre pouces, neuf lignes de longueur ; il est conique, et se termine en pointe mousse ; sa gouttière est peu profonde.

L'aile gauche peu prononcée se rend en quelque sorte en mourant vers la pointe, et disparaît à quatre lignes en arrière de l'extrêmité du bec de l'instrument.

L'aile droite, moins élevée encore que la gauche, forme un bord dans l'épaisseur duquel se trouve une cannelure en queue d'aronde, dont les dimensions sont proportionnées à celle de la tige que je décrirai plus bas ; laquelle tige doit y glisser et être contenue sans gêne, mais aussi sans la moindre vacillation.

Cette aile, ou plutôt ce bord, offre une entaillure vers sa partie postérieure, destinée à recevoir la platine du porte-lame qui s'y adapte par juxta-position.

Un trou pratiqué dans son épaisseur, est destiné à recevoir le crochet, ou la vis formant l'arrêt de la lame. (***)

---

que celle du sujet vivant ; il est difficile de se former une juste idée de cette différence, à moins d'opérer successivement sur l'un et sur l'autre, en suivant les mêmes procédés ; ce que j'ai fait plusieurs fois dans les premiers tems de ma pratique.

(*) Ceux que j'ai fait faire sont tous en argent, ou en cuivre jaune blanchi.

(**) Pour en faciliter la description, je supposerai l'instrument tenu dans la position qu'on lui donne en l'employant, c'est-à-dire que son manche sera en arrière, son bec conséquemment en devant, et sa gouttière en haut.

(***) Si c'est une simple vis, comme sa tête pourroit gêner dans l'introduction de l'instrument, il faut qu'elle soit placée vis-à-vis le lieu qu'occupe le bouton

Ce bord est également plein, vers son extrêmité antérieure, dans l'étendue d'environ six lignes, et se termine à une légère entaillure, qui, pratiquée sur le côté droit du bec, à environ une ligne de son sommet, devroit être à recouvrement : Cette entaillure reçoit la pointe de la lame, et protège les parties contre son action.

Ce bord doit présenter dans toute sa longueur, ainsi que le fond de la cannelure, une coupe de quarante-cinq degrès d'obliquité.

Ce que j'appelle lame montée, est composé du porte-lame, et de la lame.

Le Porte-lame est composé de deux pièces, savoir : d'une que j'appelle la platine, et d'une autre que je nomme la tige, qui est soudée dans la première.

La Platine est composée du même métal que le corps du Gorgeret ; elle forme un quarré long, et est légèrement recourbée vers la partie postérieure, que je nomme le talon.

Elle renferme dans son épaisseur, un crochet et un ressort à bascule, ou bien elle offre un simple trou en écrou, destiné à recevoir une vis d'arrêt.

La tige est soudée à sa partie antérieure, et l'on remarque au-dessus, et un peu en dehors du lieu où elle se fixe, une rainure oblique, dans le fond et vers le milieu de laquelle se trouve un trou destiné à recevoir, comme par engrainure, l'extrémité postérieure de la lame, quand on veut la monter.

La tige est en acier ; sa longueur est de trente-quatre lignes : sa circonférence forme un trapèse dont les deux côtés que j'appellerai latéraux, ou obliques, sont égaux. Le côté le plus large, celui qui doit correspondre au fond de la gouttière, doit

---

sur lequel on appuye, quand l'arrêt est fermé par le crochet à ressort. Par conséquent le trou mentionné dans ce paragraphe, doit être plus en arrière dans le Lithotome qui est à vis, que dans celui qui est à pompe.

avoir une ligne et demie; celui qui lui est opposé, et qui doit correspondre à la lame, doit être d'une ligne, et les deux obliques doivent tenir le milieu, pour la largeur, entre les deux autres.

Un pas de vis se trouve pratiqué assez près de l'extrémité antérieure, et dirigé de la face la plus étroite à la plus large. Il est destiné à recevoir la vis qui doit fixer la lame sur la tige.

Il y a quatre lames, de largeur variable et progressive, depuis six lignes et demie, jusqu'à onze.

Leur forme, facile à saisir dans la gravure annexée à cette dissertation, n'exige pas de plus grands détails descriptifs.

On voit qu'elles sont doublement fixées, tant par leur engrainure dans la platine, que par la vis à tête perdue, qui les unit à la tige. (*)

CHANGEMENS FAITS AU CATHÉTER.

J'ai fait mettre à la partie postérieure de la plaque du cathéter, l'anneau que Pouteau a placé à l'extrémité; j'ai trouvé qu'à sa faveur, on pouroit tenir plus commodément et plus fixément cet instrument; il offre d'ailleurs le même avantage qu'avoit cherché cet illustre Chirurgien, de pouvoir être tenu par l'opérateur, pendant tout le tems de l'incision, avantage réel dans tous les cas pendant qu'on incise profondément, mais que je n'admets pour l'incision externe, qu'autant qu'on seroit dépourvu d'aides intelligens, et en état de tenir convenablement l'instrument, pendant qu'on fait cette première section.

Je ne conserve pas la saillie qu'il forme communément au commencement de sa courbure, saillie qui, à la vérité, facilite

(*) Dans les premier Gorgerets que je fis faire, j'avois mis trois vis : mais le coutelier a jugé à propos d'en retrancher deux sans ma participation : ayant reconnu que la lame étoit également bien fixée par ce moyen, je me suis conformé à ce changement, qui abrège et la main d'œuvre de l'ouvrier, et le tems à mettre à monter la lame.

un peu pour ouvrir le canal, mais qui rend moins sûre et moins facile la correspondance du bec du Gorgeret, avec la cannelure du cathéter, dans le tems le plus important de l'incision; d'où il suit qu'un léger inconvénient est racheté par un grand avantage. (*)

On situe horizontalement le malade, et on le fixe, comme dans tout autre procédé. On place de même le cathéter, et on le fait tenir par un aide intelligent, de manière que le commencement de sa courbure réponde à la partie latérale gauche du raphé, sans appuyer sur le rectum.

PROCÉDÉ OPÉRATOIRE

L'incision des tégumens que je fais avec un scalpel à dos, un peu convexe sur son tranchant, et tenu comme une plume à écrire, commence pour les adultes, à un pouce en devant de l'anus, à une ligne et demie, ou deux lignes au plus du raphé, (**) et finit en arrière et au côté interne de la tubérosité ischiatique, (***) de manière à former avec le raphé, un angle de quarante-cinq degrés environ.

Son étendue est variable depuis vingt lignes , jusqu'à deux pouces et demie.

(*) Si on vouloit se servir du cathéter à troquart de M. Guérin, dont le manche est également droit, on auroit l'avantage sans avoir l'inconvénient. Je le croirois seulement un peu plus embarrassant avec mon Gorgeret, que celui dont je me sers.

(**) J'ai vu plusieurs praticiens commencer leur première incision à quatre, à cinq lignes environ du raphé. Je ne conçois pas pourquoi ils se gênent ainsi gratuitement, surtout en n'intéressant que la peau dans le premier coup. On trouve plus difficilement ensuite la cannelure. Le commencement de l'ouverture de l'urètre peut être caché par l'angle, ou au moins par le haut de la lèvre interne de la plaie; ce qui peut exposer à des infiltrations urineuses.

(***) Je tiens toujours mon incision à quatre lignes de cette tubérosité, dans les sujets d'une grande stature ; à trois lignes dans les adultes d'une petite taille et les adolescens; et à deux chez les petits enfans.

F

Je ne cherche jamais à arriver dans la cannelure du cathéter du premier coup de scalpel, quelle que soit la maigreur du sujet et la facilité que cette disposition offriroit pour cela. (*)

Portant l'indicateur gauche vers l'angle supérieur de l'incision, (**) je cherche à reconnoître la cannelure du cathéter; si le sujet a beaucoup d'embonpoint, je donne encore un et même plusieurs coups de scalpel, avant de pénétrer dans cette cannelure. (***). Le scalpel y étant parvenu, à la faveur de l'ongle de l'indicateur gauche, je prends le cathéter, et le soutiens contre l'arcade du pubis, sans lui faire changer de direction : (14) j'en parcours la cannelure avec le scalpel, dans l'étendue de six à huit lignes, en dirigeant mon tranchant comme dans la première incision : je coupe en même tems le tissu cellulaire plus profondément.

Prenant ensuite mon Lithotome-gorgeret, j'en engage le bec dans l'ouverture faite au canal, ce qui est aisé ; et je juge sûrement que ce bec touche la cannelure du cathéter à nud, par la sensation que fait éprouver le choc des deux instrumens.

J'amène alors le cathéter en devant et dans le milieu ; faisant ensuite suivre sa cannelure au bec du gorgeret, que j'enfonce en même tems que je fais pénétrer le cathéter un peu plus avant dans la vessie; et en abaissant un peu la plaque du cathéter et le manche du gorgeret, j'achève ainsi mon incision. (15)

On enfonce plus ou moins le gorgeret suivant la taille, l'embonpoint du sujet et le volume présumé de la pierre.

On juge qu'on est arrivé à la vessie ; 1°. Par la diminution

(*) L'ouverture des tégumens devant commencer au dessus de celle de l'urètre on ne pourroit obtenir cet avantage en ouvrant le canal du même coup.

(**) J'appelle angle supérieur, parce que je considère le malade dans la situation relative qu'il a pendant l'opération, mais il est antérieur, et devroit être désigné ainsi, si on supposoit l'individu debout, comme on le fait dans les descriptions anatomiques.

(***) Je ne commence mon incision de l'urètre, qu'à quatre lignes de l'angle antérieur de l'incision des tégumens.

de' la résistance qu'éprouve la marche du tranchant; 2°. Par la longueur de la partie d'instrument introduite ; 3°. Au choc du calcul que le Gorgeret rencontre ordinairement en entrant, quand il est volumineux; 4o. Enfin à l'écoulement de l'urine par la gouttière du gorgeret.

Plusieurs choses doivent être essentiellement observées dans l'introduction du gorgeret.

La première est de tenir l'instrument de manière que les deux ailes soient de niveau. La seconde est de tenir toujours le bec appuyé assez fortement dans le fond de la cannelure du cathéter, celui-ci étant maintenu contre l'arcade du pubis. La troisième est de tenir les deux instrumens dans un rapport tel, que le bec du gorgeret sans être exposé à fuir la canelure du cathéter, (*) ne forme pas un angle trop ouvert avec cet instrument, ce qui obligeroit à employer beaucoup plus de force, la lame agissant moins en sciant par cette disposition vicieuse. (**) La quatrième chose à observer enfin, est d'enfoncer le gorgeret dans une direction telle, que si l'on prolongeoit la ligne que suit le bec, elle viendroit aboutir dans le milieu de l'espace compris entre l'ombilic et la symphise du pubis.

L'incision achevée, on fait tenir de nouveau le cathéter à l'aide qui en étoit primitivement chargé ; on prend le manche du Lithotome de la main gauche et avec les trois premiers doigts de la droite on saisit la platine par son talon, entre le pouce et le doigt du milieu; l'indicateur appuye sur le bouton pour affaisser le ressort et dégager le crochet; on retire ensuite la lame très-facilement. (***)

(*) Ce qui arriveroit si on approchoit trop les deux mains pendant qu'on fait la section interne.

(**) En agissant ainsi, on feroit une incision plus étendue ; et en s'exerçant pendant une demi-minute avant l'opération à faire parcourir le bec du gorgeret à la canelure du cathéter tenue à découvert, on acquiert par ce petit manuel la certitude de bien remplir le tems important de l'opération.

(***) S'il n'y a qu'une vis d'arrêt, on la détourne un peu, et on retire la lame de même.

La lame retirée, on enfonce encore un peu le gorgeret dans la vessie, on ôte le cathéter : on glisse le doigt indicateur sur le gorgeret, tant pour juger d'une manière précise de l'étendue faite de l'incision à la prostate et au col de la vessie, que pour la dilater au besoin. On conduit les tenettes sur la gouttière du gorgeret, et on termine l'opération comme par toute autre méthode.

RÉSULTAT DE L'OPÉRA-TION EN SUIVANT CE PROCÉDÉ.

Par ce procédé le tranchant parcourt la ligne tracée par le tableau anatomique et indiquée par les meilleurs chirurgiens de nos jours, ainsi que tous les autres instrumens qui ont un bec mousse, celui que je viens de décrire s'éloigne également des parties qu'il est important de respecter, rassure contre les dangers de quitter la cannelure du cathéter, comme la plupart des autres, sans avoir l'inconvénient de dilater trop les parties avant que l'action du tranchant aggrandisse le passage.

L'incision qu'on obtient a la forme la plus favorable tant à l'extraction du calcul, qu'à l'écoulement des urines et autres fluides. (*)

Cet instrument présente l'avantage d'offrir aux tenettes un conducteur qui se trouve tout placé au moment où on a fait l'incision, ce qui diminue d'autant la manœuvre et par conséquent la douleur que cette introduction occasionne. (**)

Enfin la pratique m'a prouvé qu'il réunissoit la plupart des avantages qu'on trouve séparément dans ceux qui sont le plus généralement

---

(*) Cette incision forme un trapèze ou espèce de cone tronqué, dont le petit côté, ou le sommet répond au col de la vessie, et la base au périnée.

(**) Je ne veux pas dire par là qu'il faille de rigueur qu'un gorgeret précéde toujours l'introduction des tenettes ; je sais que la plupart des praticiens de nos jours ne se servent pas de conducteur, le doigt indicateur gauche étant employé à cet usage : mais il est certain que le gorgeret rend cette introduction plus facile dans beaucoup de cas.

adoptés

adoptés , sans partager tous leurs inconvéniens, et que la *sans me dissimuler* — multiplicité des essais que j'en ai faits, a pu me rendre son emploi plus facile et plus sûr qu'à celui qui s'en serviroit pour la première fois, je ne crains pas de dire, que tout chirurgien en état de tailler par tout autre procédé , fera certainement bien cette opération avec le lithotome-gorgeret. Je ne crois pas devoir renoncer à l'espoir de lui voir occuper dans l'arsenal lithotomique le rang que lui ont assigné les essais qui en furent faits à Toulon (*) et surtout les succès qui ont constamment suivi son emploi jusques à ce jour.

Si je suis trompé dans une aussi flatteuse espérance, mon amour propre en souffrira moins que mon cœur , auquel il restera toujours pour consolation le plaisir qui émane de tout travail, dont le but est le soulagement de l'humanité souffrante.

(*) Voyez le prononcé du procès-verbal à la note n°, 15.

FIN.

EXPLICATION DE LA PLANCHE.

1re. Figure. Lithotome-Gorgeret, armé, situé horizontalement, ainsi qu'il doit l'être quand on en introduit le bec dans la cannelure du cathéter. Les deux ailes étant de niveau, le tranchant est dirigé en dehors et en bas en suivant une ligne oblique qui formeroit, avec le raphé, un angle de quarante-cinq degrés. (a)

2 Le même dans une position semblable, mais désarmé.

3 Le même, vu sur son côté droit.

4 Le porte-lame démonté, vu sur son côté supérieur-gauche.

5 Le même monté de la lame de neuf lignes et demie, dite troisième, vu par sa partie inférieure et interne.

6 La lame de huit lignes de largeur, dite seconde.

7 *Idem* d'onze lignes de largeur, dite quatrième ou la grande. (b)

8 Le cathéter à anneau et à plaque, vu par côté.

9 *Idem* vu du coté de l'anneau.

10 Extrêmité du cathéter vu du côté de la cannelure.

11 Crochet de la platine, armé de son ressort.

12 Vis formant arrêt, pouvant remplacer le crochet sus-mentionné.

13 Vis destinée à fixer la lame sur la tige.

14 Circonférence de la tige formant un trapèze.

(a) Cette obliquité ne se sent pas bien dans la gravure.
(b) J'ai regardé comme superflue la gravure de celle de six lignes et demie, dite la première ou la petite.

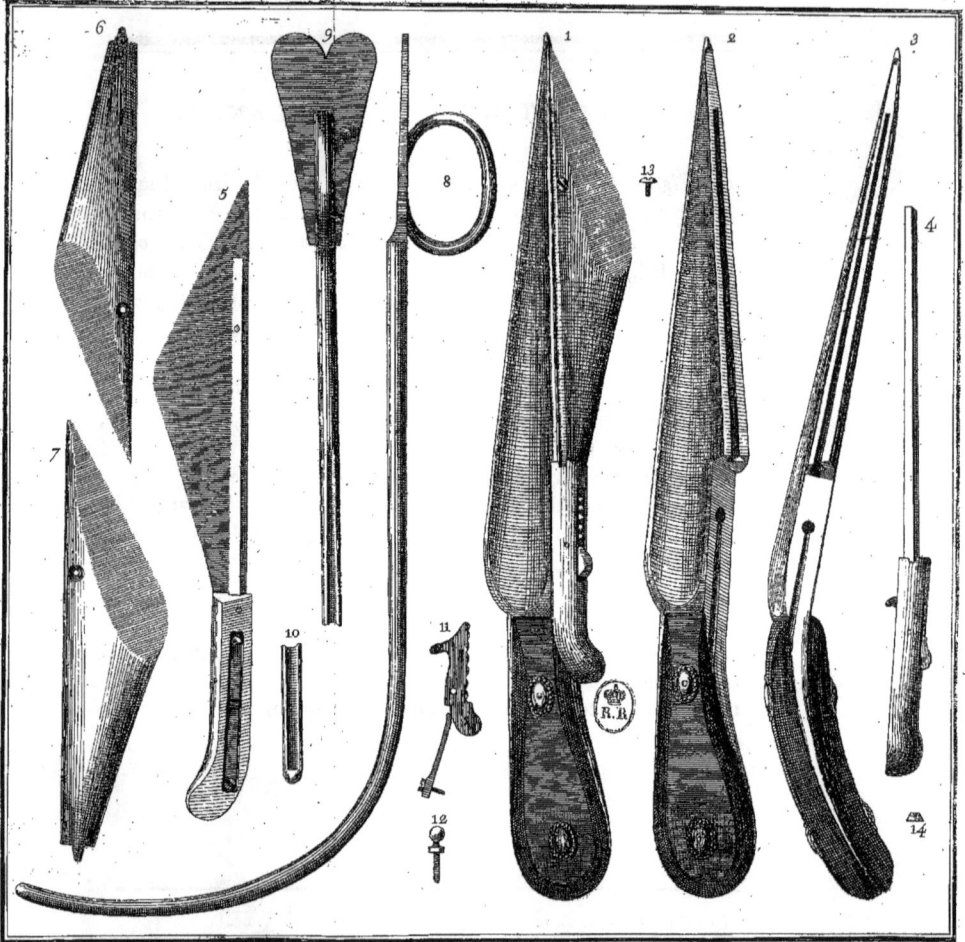

NOTES.

(1) Pouteau, l'un des Chirurgiens les plus distingués du dernier siècle, après avoir obtenu des succès étonnans (a) par le procédé de Cheselden, auquel il a fait de légers changemens, imagina sa taille au niveau, dans la vue de rendre invariable l'obliquité de l'incision interne et son étendue.

Le savant chirurgien de Rouen, a aussi, dans la même vue, fait construire divers instrumens qui ont été ensuite modifiés, et dont quelques praticiens se servent encore.

Un chirurgien anglais nommé Broomfeeld a imaginé un double gorgeret, portant une lame par côté.

Le litothome caché du frère Côme ne doit, sans doute, la célébrité dont il jouit qu'à l'avantage réel de pouvoir être introduit avec plus de sécurité dans la vessie, sans faire de fausse route, ce que n'ont pas les instrumens qui piquent et tranchent en entrant ; et à la fausse sécurité qu'il donne aux commençans qui le jugent tous d'un usage infiniment plus facile et plus sûr qu'il ne l'est en réalité.

M. Guerin, de Bordeaux, vient de faire construire un instrument fort ingénieux qui réunit à plusieurs autres avantages celui d'ouvrir, d'une manière sûre, le canal de l'urètre sur la cannelure du cathéter, comme on le fait avec le cathéter de Jarda, de Montpellier, et celui à pinule qu'un chirurgien de Roy-sur-Seine, imagina en 1767. (b)

(2) Je ne crois pas qu'il y ait d'opération dans laquelle la pratique donne autant d'avantage que dans celle-ci. En vain connoît-on bien les parties sur lesquelles on opère et les différens procédés et manuels recommandés pour parcourir les différens points du canal de l'urètre et arriver dans la vessie. L'état pathologique apporte des changemens quelquefois incalculables, et offre des obstacles que le praticien franchit, sans qu'il puisse toujours se rendre complètement raison de la manœuvre qu'il a employée, pour atteindre à son but.

Ceux qui ont suivi la pratique de Dessault, savent avec quelle facilité ce célèbre chirurgien parvenait dans la vessie, dans les dernières années de sa vie. Il nous a répété quelquefois, non par ostentation (on sait combien il était au dessus de cette foiblesse) que depuis, plus de dix ans, il ne trouvait plus de vessie inaccessible à la sonde. Il témoignait quelques regrets d'avoir été dans le cas de faire deux fois la ponction à cet organe, dans le commencement de sa pratique. (c)

(a) Il dit dans ses mélanges de chirurgie p. 193, qu'il n'a perdu que trois malades, sur plus de cent-vingt opérés suivant le premier mode.

(b) V. Deschamps, ouvrage cité; tome 2 p. 174.

(c) M. Deschamps dit à-peu-près la même chose le concernant, dans l'ouvrage cité.

(3) J'ai rencontré de ces cas difficiles, et en quelque sorte capricieux, si l'on peut s'exprimer ainsi, dans lesquels j'arrivois un jour facilement dans la vessie à la première introduction du cathéter, tandis que d'autres fois je ne pouvais point y parvenir, quelque tentative que je fisse.

Dans un hôpital dont j'étois chargé, j'ai traité un militaire que je sondois communément avec beaucoup plus de difficulté que le citoyen Dufour, l'un de mes sous-aides; ce qui me détermina à lui confier entièrement le soin de cette opération chez ce malade.

(4) J'ai vu plusieurs malades qu'on ne pouvait pas sonder debout, parce qu'ils s'évanouissoient constamment pendant cette opération.

J'en ai surtout vu un grand nombre que cette opération fesoit pâlir et suer quoiqu'ils n'éprouvassent que des douleurs légères. Mais aussi j'ai vu quelquefois des spasmes violens, des douleurs vives et la fièvre même accompagner le cathétérisme.

Un malade que M. Joyeuse, médecin de Marseille, avoit traité avec succès d'une longue maladie, ayant été dans le cas d'être sondé dans sa convalescence., éprouva des douleurs si vives de cette opération, qu'elles reveillèrent la fièvre, qui n'avoit pas paru depuis plusieurs jours, et firent naître des accidens nerveux vraiment alarmans, et qui, pour leur disparation, exigèrent une suite de soins bien entendus.

(5) Dans les hôpitaux que j'ai été dans le cas de suivre, deux de ces malades sont morts des affections survenues avant qu'on ait pû retrouver le moment favorable pour les tailler.

En supposant que les accidens dépendans du cathétérisme n'aient pas été la cause de leur perte, peut-on se dissimuler que la complication qu'offroit la présence du calcul dans la vessie, a dû aggraver la maladie dont ils sont morts.

(6) Winslow dit avoir assisté à une opération de taille, faite très-heureusement en trois minutes par Thiébaut, et pendant laquelle le malade ne proféra pas une parole. Cependant il mourut le troisième jour de l'opération.

Winslow pense que ce fut la vue de la table sur laquelle on opéra le malade qui le frappa de terreur et causa sa mort. Ce grand médecin en conclut qu'il faut, afin de diminuer l'appréhension du malade, préférer, pour cette opération, le lit à la table.

M. Deschamps rapporte tenir de Chapart, qu'un homme dont le frein du prépuce étoit trop court, et qui avoit témoigné beaucoup de crainte de cette opération, mourut pendant qu'on la lui fesait.

Les auteurs fourmillent d'exemples semblables.

(7) Garengeot nous apprend qu'un homme fut tellement effrayé à la vue des tendons extenseurs de ses doigts, mis à nud par une plaie récente, qu'il mourut sur le champ.

(8) M. Deschamps dit que cet usage a été aboli dans les hôpitaux de Paris. Il n'y avoit assurément pas long-tems qu'il avoit opéré ce changement dans celui dont il étoit chargé, quand il a donné son ouvrage, en 1794; car ayant assisté

aux

aux opérations qui s'y sont faites pendant plusieurs années, et jusqu'en 1791, j'ai vu plusieurs fois M. Boyer, M. Sue, le père Potentien, le père Barnabé et lui faire chacun une taille dans la même matinée.

Dessault pour lequel aucun exemple n'étoit perdu, prit, sans doute, la résolution de faire ce changement dans son hôpital, à la suite de l'évènement malheureux de 1791, rapporté plus haut.

(9) Ce malade épuisé par une longue suite de douleurs, me pria d'amener le moins de spectateurs que je pourrais, et insista surtout pour n'être pas lié. Comme je vis sa crainte portée à un degré capable d'ajouter au danger dont sa situation démontroit déjà l'évidence, je crus devoir me rendre à ses désirs. Je ne tardai pas à m'en répentir ; car malgré la force des aides qui le tenoient, il recula mais en ligne directe, d'environ quatre pouces pendant que j'enfonçais le gorgeret. Ce contre-tems ne fut que désagréable et n'apporta aucun changement fâcheux au manuel qui fut à cela-près le plus régulier possible. (*)

On peut voir d'après cet exemple qu'il ne faut pas imiter Goubelli (**) qui ne lioit pas ceux qu'il tailloit, ni faire cette opération sur le lit du malade, comme le veut Winslow ; cela pouvant en compromettre la manœuvre et les succès.

(10) La plupart des auteurs ont dit, mal à propos, qu'on ouvroit presque toujours l'artère transverse dans l'appareil latéralisé ; et Moreau avoit tort de former une espèce de collet dans le milieu du trajet de son incision, dans la vue d'épargner cette artère, qu'il croyoit laisser dans la partie qu'il ménageoit par son procédé. L'artère, dont il s'agit, ne pouvoit jamais se trouver là, à moins d'aberration, ainsi que l'a observé M. Deschamps. Elle est communément en dessus et on ne peut l'intéresser dans les cas ordinaires, qu'autant qu'on commence son incision au bulbe même de l'urètre.

(11) Je suis persuadé qu'une femme de la Valette, près Toulon, que j'ai taillée en l'an 7 avec mon instrument, avoit des vaisseaux variqueux au col et probablement dans le bas fond de la vessie. Outre les commémoratifs qui me le firent présumer, quelques hémorragies consécutives de sang veineux, que la cannule garnie et le tamponnage ne pouvoient arrêter, et le doigt introduit dans la vessie, par la plaie me le firent juger d'une manière positive. Des injections faites à froid avec la décoction de kina que j'acidulai légèrement avec l'acide sulfurique firent cesser la perte de sang dont la prolongation eût été d'autant plus funeste, que cette malade avoit été déjà fort affoiblie, tant par la douleur, que par le mauvais régime auquel sa pauvreté l'avoit condamnée. Elle guérit en peu de tems, à l'incontinence d'urine près qui existoit depuis trois ans avant l'opération, et qui a persisté.

(12) Pouteau (*Taille au niveau pag.* 16), dans une lettre qu'il a écrite à M. Pamard en 1764, fait quelques réflexions sur les causes qu'il croit capables de

---

(*) *Il sera encore fait mention de ce malade à la note* 15.

(**) *Mémoires littéraires et critiques, pour servir à l'histoire de la médecine, par Goulin,* art. 24, p. 264.

H

favoriser l'incontinence d'urine après la taille ; mais il ne les présente que dans le sens interrogatif, ce qui annonce qu'il n'avoit que des doutes à ce sujet.

» La section des fibres charnues au-delà de la prostate (*) n'en seroit-elle pas une » des principales causes ? dit ce chirurgien célèbre ».

» Cette incontinence est-elle plus à craindre lorsqu'une suppuration longue et » abondante a mis en fonte tout le tissu cellulaire circonvoisin ? Peut-être qu'alors » les fibres charnues, réunies les unes contre les autres, ne forment plus qu'une » masse, dont les pièces ne peuvent jouer, à cause de leur adhésion réciproque. » Ce qui dérange la convergence des fibres charnues que la vessie envoie s'implanter » autour de la prostate ».

Pumard croit que l'incontinence dépend soit de la difformité de la cicatrice du col de la vessie, ou des prostates, ou des deux ensemble, dans les cas simples qui n'ont nécessité que de petites incisions ; ou bien des contusions, extensions forcées, déchirures et des longues suppurations qui suivent l'extraction des gros calculs.

M. Dussaussoy (*Thèse anatomico-chirurgicale sur la lithotomie*, p. 87 ,), dit qu'il faut éviter de couper les fibres circulaires de la vessie , si l'on veut prévenir les déchirures de cet organe au moment de l'opération, et préserver les malades de l'incontinence d'urine pour les suites.

M. Deschamps (**) dit : » La véritable cause de l'incontinence d'urine qui » succède à la taille, est l'atonie de la prostate chez les hommes et du bourlet » ligamenteux qui enveloppe l'origine de l'urètre chez les femmes. Cette maladie » est l'effet de la dilatation forcée et outre mesure de ces parties qui leur fait » perdre leur élasticité naturelle ; de manière que le col de la vessie n'étant » plus exactement fermé, laisse couler l'urine, sans pouvoir s'opposer à sa sortie, etc. » La présence d'une pierre dans le col de la vessie peut produire cet effet. etc.

Quoique je me sois interdit toute discussion pour ce moment sur cet article, je ne puis me dispenser d'avouer que l'opinion de M. Deschamps étant fondée sur le mécanisme présumé de la rétention naturelle de l'urine dans la vessie, et sur l'analogie, (***) paroît la plus plausible ; mais est-il bien certain que le releveur de l'anus ne seconde pas habituellement le ressort de la prostate, que j'admets comme cause principale de la rétention d'urine, le prétendu sphincter de quelques anatomistes étant un être de raison, ainsi que cela est prouvé aujourd'hui? Est-il de même bien prouvé que le releveur n'agisse que momentanément et accidentellement dans cette fonction ? Et la section transversale, la déchirure, les dérangemens qu'entraînent la suppuration et la

---

(*) *Il paroît que Pouteau entendoit parler des fibres de la vessie seulement , ainsi qu'il en donne l'explication dans la suite.*

(**) *Traité historique et dogmatique de l'opération de la taille ; tome 3 , page 427.*

(***) *Je dis sur l'analogie , parce que j'ai vu des malades auxquels l'usage trop prolongé des sondes de gomme élastique , de gros calibre , employées pour combattre des rétentions d'urine ,avait causé des incontinences de ce fluide,*

cicatrice de ces fibres, ne séroient-elles pour rien dans l'incontinence qui suit la taille ? C'est ce dont je me permets de douter jusqu'à présent (*).

(13) Pamard est le chirurgien qui a le plus fait de recherches pour découvrir les taillés qui ont eu des incontinences d'urine à la suite de leurs opérations. Il écrivoit à Pouteau en 1764 : » Du nombre de plus de soixante malades que j'ai taillés, » j'en connois dix-huit qui, après les opérations les plus simples et les plus heureuses » sont restés avec des incontinences d'urine : je suis en état de désigner leurs noms » et leur demeure, si les partisans du lithotome caché vouloient contester le fait. (**).

» L'auteur de cet instrument (le frère Côme) tailla M. Grassi, riche négociant de » Marseille, en 1756; il y eut incontinence d'urine à la suite de cette opération.

» Dans le même tems, dix ou onze enfans furent opérés par le même. J'en ai » vu plusieurs avec des incontinences d'urine et (***) les chirurgiens m'ont assuré » qu'ils étoient tous dans le même cas. (****)

» Je connois deux malades taillés par M. Brouillard, mon confrère, qui ont » une incontinence, etc.

» M. Courtés, chirurgien de la marine, à Toulon, par une lettre qu'il m'écrit » du 29 juillet 1764, se plaint également des incontinences d'urine, quoiqu'il » préconise le lithotome caché.

(14) Dans les premières opérations que j'ai faites avec mon lithotome gorgeret, je ne prenois moi-même le cathéter qu'après le second tems de l'incision externe, c'est-à-dire, que, lorsque le bec du gorgeret étoit dans la cannelure du cathéter. De cette manière je croyois avoir un peu plus de facilité pour conduire le bec du gorgeret dans la cannelure ; mais je me suis apperçu depuis qu'on arrivoit, on ne peut plus aisément dans cette cannelure, en tenant soi-même les deux instrumens, pourvu qu'on ait eu l'attention de ne point faire changer de place ni de direction au cathéter et par ce moyen on peut se procurer l'avantage d'éloigner autant qu'on le désire, le cathéter du rectum; l'opérateur étant toujours plus sûr de sa main que de celle de l'aide le plus capable.

(15) Ayant fait en l'an 4 quelques essais sur le cadavre avec le gorgeret d'Haukins, corrigé par Dessault, pour lequel j'étois fortement prévenu, (*****) je

(*) On voit que Pouteau, Pamard et Dussaussoy n'entendoient parler que des fibres de la vessie, tandis que mes doutes roulent au contraire sur le désordre de celles du relevour de l'anus.

(**) Il s'était servi du lithotome caché du frère Côme.

(***) Il devroit, sans doute, y avoir des Chirurgiens au lieu de les Chirurgiens; mais comme je ne suis que copiste dans cette note, j'ai dû la transcrire fidèlement. (Voyez Taille au niveau de Pouteau, p. 68).

(****) Cette assertion est trop vague, et paroît d'ailleurs exagérée.

(*****) Quel est l'élève qui se défend d'un peu de prévention pour tout ce que fait un maître qui occuppe la première place de sa profession, et dont la haute réputation n'est que le résultat du travail et des succès ?

m'apperçus avec étonnement que la taille n'étoit pas à beaucoup près aussi facile par ce procédé, que je me l'étois figuré, d'après l'aisance avec laquelle je l'avois vu faire au célèbre chirurgien cité.

Sachant que M. Petit, alors chirurgien major de l'Hôtel-Dieu de Lyon, l'avoit faite avec cet instrument, je lui fis part de ma surprise et de mes observations à ce sujet. Voici ce que ce chirurgien me répondit le 7 brumaire an 5.

» J'ai fait une douzaine de fois la taille avec le gorgeret d'Haukins, corrigé par » Dessault, et je rendois, comme lui, mon incision de la vessie oblique, en » dirigeant le tranchant du gorgeret obliquement en dehors et en bas, en même-tems » que j'inclinois le cathéter sur l'aîne gauche du malade ; mais dans ce mouvement » la cannelure du cathéter fuit un peu le bec de l'instrument gorgeret, ce qui fait » craindre de s'égarer dans de fausses routes ».

Mes observations ayant été absolument conformes à celles de cet habile chirurgien, je me décidai à faire déjeter le tranchant du gorgeret en bas et en dehors ; mais je m'apperçus bientôt que ce tranchant était gênant et pouvait même nuire pendant l'introduction des tenettes. Qu'il fallait avoir quatre gorgerets pour avoir les diverses grandeurs d'incision nécessaires dans les différens cas ; et enfin que le tranchant s'affiloit plus difficilement et moins bien par cette disposition ; ce qui m'amena à détacher la lame et à établir par gradation l'instrument, tel que je le présente ici. Sans doute, l'idée de placer le tranchant dans la direction que commande le tableau anatomique de la partie, me sera venue de la taille au niveau de Pouteau ; et celle de retirer la lame, pour ne laisser dans la plaie qu'un conducteur aux tenettes, du gorgeret lithotome de Lecat.

Satisfait de mes premiers essais et voulant connoître l'opinion des différens maîtres de l'art sur le changement que j'avois fait au lithotome gorgeret, je fis faire, en ma présence, plusieurs épreuves à divers chirurgiens et à mes élèves, et toutes me confirmèrent dans ma manière de voir.

Je me hâtai de l'envoyer à différentes sociétés de médecine, en les invitant à faire répéter les mêmes essais, et les priant de me faire connoître leur opinion sur cet instrument.

La première, en lui donnant quelques éloges, en trouva les pièces mal articulées.

La seconde dit : » Cet instrument a une trop grande conformité avec quelques-uns » de ceux dont le public est en possession ; et ajouta que les différences qui » pouvoient s'y rencontrer, n'avoient rien de bien essentiel pour la célérité et la » sûreté de l'opération ».

Deux autres au contraire approuvèrent complètement l'instrument, et me le témoignèrent d'une manière très-flatteuse.

Embarrassé en quelque sorte par ce conflit d'approbations et de critiques, je voulus que de nouveaux essais bien authentiques et assez étendus, fixassent invariablement mon opinion et m'autorisassent, s'ils lui étaient favorables, à employer mon instrument sur le sujet vivant.

Les officiers de santé en chef et les professeurs de l'hôpital militaire d'instruction

de

de Toulon, mes collègues, voulurent bien se charger à cet effet de convoquer les officiers de santé en chef de la marine, ceux des corps armés et autres qui se trouvoient en cette place. Et le 21 ventose an 5, ces officiers de santé réunis dans l'amphithéatre de l'hôpital militaire à tous leurs collaborateurs de diverses classes, attachés aux services de terre et de mer, firent l'examen le plus attentif de l'instrument gorgeret, en même-tems que je leur lus le mémoire explicatif de son emploi.

Plusieurs cadavres d'hommes et de femmes furent ensuite taillés, et les parties disséquées avec soin.

On dressa du tout un procès-verbal que je ne transcrirai pas en son entier : d'abord parceque cela n'est pas nécessaire, ensuite parce qu'il contient des expressions trop flatteuses, pour qu'il me soit permis de les publier. Je transcrirai donc seulement le résumé qui le termine.

» D'après ces épreuves, nous estimons que le lithotome-gorgeret du citoyen
» St. Rome, dirigé suivant les préceptes qu'il donne, fera toujours l'incision la
» plus régulière pour la taille latérale ; et si ce chirurgien fait à son gorgeret
» l'addition dont il parle dans sa description, c'est-à-dire, s'il ajoute à l'extrémité
» du bec du gorgeret une larme transversale, et s'il se sert d'une sonde à galerie
» telle que celle de Le Cat, la main la moins exercée exécutera la taille latérale
» dans sa perfection, sans craindre de faire de fausse route ».

Signés : MANNE ; chirurgien en chef de la marine. BOIZOT, chirurgien en chef de l'armée de Corse. ROUSSEL, chirurgien en chef de l'hôpital militaire. COURTÉS, médecin en chef de l'hôpital militaire. AUBAN, médecin en chef de la marine, REVOLAT, médecin de l'armée d'Italie. MÈGE, chirurgien en chef de l'hôpital civil, etc.

J'avais effectivement alors l'intention de faire à mon gorgeret l'addition mentionnée en ce procès-verbal ; mais ayant eu, peu de tems après, occasion de tailler un calculeux, et m'étant intimément convaincu que mon instrument, en l'état, étoit très-propre à cette opération, je m'en servis avant d'avoir pu trouver un ouvrier en qui j'eusse assez de confiance pour le charger de cette petite addition : j'avoue que, quoique prévenu que les parties vivantes se coupoient beaucoup mieux que celles privées de vie, je fus en quelque sorte frappé de l'énormité de cette différence. Et cette facilité que je rencontrai, et que j'ai trouvée ensuite constamment la même, m'a fait abandonner ce plan de correction sur lequel je ne compte plus revenir.

Si quelqu'un étoit jaloux d'en faire l'essai, il conviendroit, je pense, de donner à cette larme la forme d'un pique de carte à jouer, et que la galerie de la sonde fût assez profonde et assez évasée, pour que cette espèce de bouton pyramidal et à collet pût la parcourir bien librement, et ne s'en dégager qu'au bout.

Je reviens au prononcé cité plus haut, portant : » Que mon instrument a une
» trop grande conformité avec ceux dont le public est en possession, et que
» les différences qui s'y rencontrent n'ont rien de bien essentiel pour la célérité
» et la sûreté de l'opération ».

I

Quoique je n'aie pas eu la prétention de donner un instrument qui n'empruntât rien de ceux que connoissent nos praticiens, puisque j'ai avoué que je croyois que les idées qui avoient amené sa composition actuelle m'avoient été suggérées par la connoissance de ceux de Pouteau et de Le Cat ; et que c'étoit à celui dont se servoit Dessault , que j'avois fait des changemens, j'avoue que j'ai trouvé le prononcé un peu sévère. En vain j'ai recherché depuis , avec plus de soins qu'auparavant , à quel instrument le mien pouvoit être comparé ; je n'ai vu son semblable ni dans ceux de Pouteau , de Lecat , ni dans ceux d'Haukins , de Bromfeeld et autres. Voici la seule citation sur laquelle on pourroit établir la susdite conformité. Je l'extrais mot à mot de l'ouvrage de M. Deschamps , tome 2 , page 172. article que je ne connois que depuis peu.

» En 1760 , dit M. Deschamps, Lanseff, chirurgien major de l'hôpital de Gênes ,
» proposa un gorgeret , garni sur sa partie courbe d'une rainure dans laquelle pouvoit
» glisser une lame tranchante ».

Il semble, d'après cet exposé, que la lame doit glisser dans cette cannelure, à la manière de celle de Pouteau dans le conducteur , et conséquemment que l'instrument gorgeret est arrivé dans la vessie avant qu'on y place la lame. Il est possible que Lanseff n'ait voulu qu'une cannelure d'attente pour pouvoir glisser , au besoin , une lame qui serviroit à aggrandir l'incision , en cas qu'on l'eût faite trop petite. Comme je n'ai pas pu me procurer d'autres renseignemens que cette note , je suis réduit à des conjectures à cet égard.

J'ai dit plus haut que je m'étois hâté d'envoyer mon lithotome gorgeret à des sociétés , etc. C'est en effet le mot , car les modèles que je fis passer avoient des défauts que l'expérience m'a fait découvrir et que je me suis empressé de corriger.

C'est peut-être à ces imperfections que j'ai dû la sévérité des prononcés des deux premiéres sociétés. Peut-être aussi cette présomption n'est-elle de ma part que le tribut de foiblesse que paye involontairement chaque auteur à ses productions.

Quoiqu'il en soit , j'ai dû ne pas solliciter des explications , et éviter avec soin toutes les discussions polémiques qui n'amènent jamais la solution des questions agitées. J'ai préféré garder un silence respectueux sur cet objet , et attendre de l'infaillible expérience, une conviction que plusieurs années de pratique m'ont acquise et que des succès constans n'ont fait depuis qu'accroître et confirmer. C'est maintenant au public médical, c'est à chaque chirurgien à juger , d'après ses lumières , de l'équité de l'éloge des uns , et des fondemens de la critique des autres : c'est-à ce tribunal que j'en appelle , ou plutôt que j'abandonne la question.

Il me suffit de mettre ce juge impartial en état de prendre connoissance de mon instrument. S'il le mérite , il passera certainement à la postérité, quelque censure qu'en puissent faire les contemporains de l'auteur. S'il était défectueux et moins bon que ceux destinés au même usage, il rentreroit dans le néant, du vivant même de ses apologistes, quels que fussent leurs efforts pour le faire adopter.

Je dis : des succès constans, quoiqu'un des malades sur douze qui ont été taillés à ma connoissance avec mon instrument soit mort le seizième jour après l'opération. L'ouverture du cadavre qui fut faite à l'amphithéâtre de l'hôpital militaire de Toulon, à ma leçon d'anatomie, en présence de mes collègues et de tous les élèves, fit découvrir une fonte purulente des deux reins, qui étoient presque détruits et dont les vestiges étoient, en quelque sorte, noyés dans le pus : ce qui joint au marasme et à la fièvre de resorbtion qui accompagnoit l'état fâcheux de ce malade, rendit suffisamment raison des causes de sa mort, que tous les consultans avoient d'ailleurs, ainsi que moi, jugée infailliblement prochaine sans l'opération, et douteuse avec ce moyen, (*) Ces consultans étoient les officiers de santé qui avoient fait les expériences cadavériques relatées dans le procès-verbal cité à la page 37, et dont les noms sont au bas ; et il est question ici du malade cité à la page 11 du texte et à la note neuf qui lui est relative.

La supuration des reins étoit antérieure à l'opération ; car au moment où j'introduisis le cathéter pour la pratiquer, il sortit une assez grande quantité de pus tout autour ; pus qui ne s'étoit point formé dans la vessie, ainsi que l'a prouvé cet examen cadavérique, qui montra en même tems que les instrumens avoient suivi la meilleure route possible ; toutes les parties qui doivent être ménagées dans la taille ayant été respectées par le tranchant, l'incision la plus avantageuse en avoit été le résultat.

Tous les autres malades que j'ai opérés avec mon instrument, l'ont également été en présence de plusieurs de ces mêmes collègues et de beaucoup d'élèves. M. Millioz, un de mes anciens sous-aides, en a opéré un, avec succès, avec ce lithotome, en Égypte, où il était chirurgien de première classe.

Tous ont guéri. Un des enfans a gardé quelque tems une incontinence d'urine, qui a passé après une année.

Un nommé *Pons Joussaud*, grenadier, dont le calcul, en forme de cornichon de médiocre grosseur, pouvoit s'engager dans l'embouchure de l'urètre, et qui eut une suppuration extraordinaire qui retarda quelque tems le complément de la cicatrice, avoit encore une incontinence d'urine quatre mois après l'opération. J'ignore si elle a persisté, et si quelqu'autres des malades taillés avec mon lithotome gorgeret ont été ou sont encore affligés de cette infirmité. Deux m'ont écrit depuis qu'ils en étoient exempts. Les autres que j'ai chargés de m'informer à cet égard ne m'ayant rien marqué, il est probable qu'ils n'en sont pas atteints.

(*) *Il est impossible que les connoissances humaines puissent suffire dans quelques cas difficiles pour juger surément du degré d'une affection grave, et il faudroit être plus que médecin, comme l'a dit un auteur célèbre, pour se tirer toujours avec honneur de ce dédale. Nec satis est utriûsque medicinæ limina tantùm salutasse. Mais dans les cas analogues à celui-ci, il faut suivre le précepte qui établit qu'il vaut mieux tenter un moyen dont l'effet est douteux, mais qui porte une seule voie de salut, que d'abandonner le malade à une mort certaine.*

www.ingramcontent.com/pod-product-compliance
Lightning Source LLC
Chambersburg PA
CBHW060458210326
41520CB00015B/4010